Amit Gupta

Uma monografia sobre a síntese de terpolímeros - Um novo aspeto dos polímeros

Amit Gupta

Uma monografia sobre a síntese de terpolímeros - Um novo aspeto dos polímeros

ScienciaScripts

Imprint

Cover image: www.ingimage.com

This book is a translation from the original published under ISBN 978-620-2-31052-9.

Publisher:
Sciencia Scripts
is a trademark of
Dodo Books Indian Ocean Ltd. and OmniScriptum S.R.L publishing group

120 High Road, East Finchley, London, N2 9ED, United Kingdom
Str. Armeneasca 28/1, office 1, Chisinau MD-2012, Republic of Moldova, Europe
Printed at: see last page
ISBN: 978-620-8-34155-8

ÍNDICE

Capítulo 1

INTRODUÇÃO

Um contributo importante para a ciência dos polímeros sintéticos foi dado pelo químico italiano Giulio Natta e pelo químico alemão Karl Ziegler, que ganharam o Prémio Nobel da Química em 1963 pelo desenvolvimento do catalisador Ziegler-Natta. O reconhecimento da importância dos polímeros veio com a atribuição do Prémio Nobel da Química em 1974 a Paul Flory, cujo extenso trabalho sobre polímeros incluiu a cinética da polimerização por etapas, a polimerização por adição e também a transferência de cadeias.

O termo polímero foi cunhado pela primeira vez por Jons Jakob Berzelius, a palavra "polímero" deriva das palavras gregas clássicas, *poly* que significa "muitos" e *meres* que significa "partes". Um polímero é uma molécula de cadeia longa formada por um grande número de unidades repetitivas de estrutura idêntica, designadas por monómeros. Os polímeros têm pesos moleculares elevados, o que lhes confere caraterísticas físicas úteis, tais como elevada viscosidade, elasticidade e resistência. Os polímeros encontram-se em todo o lado. As fibras naturais, como a lã e o algodão, são polímeros e, naturalmente, muitos produtos sintéticos, como os plásticos, o nylon e a borracha sintética, são polímeros. A descoberta do polímero abriu novos horizontes e desenvolvimentos no domínio da ciência dos materiais devido à satisfação das necessidades da comunidade humana. [th]Desde metade do século XX, a química dos polímeros emergiu também como uma existência independente no domínio da ciência dos materiais, tendo tido um impacto notável em todas as fases da vida humana. Foram aplicados processos e métodos diversificados para a produção de polímeros sintéticos que apresentam caraterísticas extremamente fiáveis, abrindo assim novos desafios na sociedade moderna atual. Nos últimos anos, tem-se verificado um interesse considerável em melhorar a qualidade do polímero através da polimerização multicomponente envolvendo dois ou mais componentes. A polimerização multicomponente envolvendo dois monómeros diferentes é chamada copolimerização, e envolvendo três monómeros diferentes é conhecida como terpolimerização, o polímero resultante é conhecido como terpolímero.

A superioridade do terpolímero em relação ao copolímero, no que se refere a uma melhor capacidade de condução eléctrica, a uma capacidade adequada de permuta iónica e à estabilidade a temperaturas elevadas, tem atraído muita atenção na área da caraterização do terpolímero desde as últimas duas décadas e, além disso, devido às propriedades como a estabilidade térmica, a durabilidade, a elevada resistividade química, a condutividade e a capacidade de permuta iónica no domínio da aplicabilidade desejada. Os terpolímeros podem ser utilizados como adesivos, abrasivos, aglutinantes, fibras, resistentes a produtos químicos, isolantes, floculantes, permutadores de iões, semicondutores, corantes, rectificadores, fixadores capilares, agentes endurecedores, resistentes ao fogo, produtos estáveis a nível térmico e termo-oxidativo.

O passado testemunhou o crescimento progressivo da tecnologia dos polímeros, que substituiu as macromoléculas naturais e produziu milhares de substâncias que não têm equivalentes naturais, os chamados polímeros sintéticos, que incluem elastómeros, fibras e plásticos que podem ser extrudidos como folhas, tubos e moldados sob a forma de inúmeros objectos.

A procura de polímeros e de outros materiais poliméricos resistentes a altas temperaturas tem vindo a crescer de forma constante devido às suas caraterísticas de desempenho superiores que são cada vez mais esperadas da ciência dos polímeros nas indústrias aeroespacial, automóvel, eletrónica, de purificação de água e outras. Os terpolímeros apresentam excelentes propriedades de permuta iónica, propriedades eléctricas e excelente estabilidade térmica e oxidativa, sendo de grande importância comercial e industrial. Dependendo da aplicabilidade, é de esperar que os polímeros apresentem algumas propriedades específicas, tais como estabilidade térmica, flexibilidade, resistência a produtos químicos, biocompatibilidade, biodegradabilidade, adesão a substâncias metálicas, permeabilidade a gases, condutividade eléctrica e não inflamabilidade. A estrutura do monómero utilizado na preparação do polímero tem um efeito directo sobre estas propriedades. Os polímeros aromáticos devem ser resistentes a temperaturas elevadas, os polímeros com elevado teor de halogéneos são inerentemente não inflamáveis e os polímeros que contêm flúor resistem tanto à água como aos solventes. Em muitos casos, as propriedades são significativas em produtos especializados. Os poliésteres degradáveis já são utilizados como suturas cirúrgicas que desaparecem.

Os terpolímeros e os seus quelatos têm recebido muita atenção devido às suas propriedades. Os polímeros quelatos têm sido utilizados nas indústrias electrónicas como semicondutores para o fabrico de aparelhos electrónicos e no computador.

As resinas que contêm um grande número de grupos funcionais na rede polimérica estão geralmente associadas a cargas positivas ou negativas que foram sempre compensadas por contra-iões móveis de carga oposta. Estes contra-iões podem ser trocados por outros iões com a mesma carga. Este processo de permuta iónica é mais precisamente um processo reversível em que os iões são trocados entre as fases líquida e sólida. Os permutadores de iões são, de facto, poliméricos e complexos por natureza. Os permutadores de iões sintéticos são superiores aos permutadores de iões naturais devido à sua estabilidade química e mecânica, com uma taxa de permuta, capacidade e reprodutibilidade mais elevadas. Os requisitos básicos para que qualquer material polimérico seja útil como resina de permuta iónica são

1) Deve ser suficientemente hidrofílico para permitir a difusão de iões através da estrutura a uma taxa finita e utilizável.
2) Deve conter um número suficiente de grupos permutadores de iões acessíveis que não sofram degradação durante a utilização.
3) O mais importante é que o material inchado deve ser mais denso do que a água.

O permutador de iões quelantes ou resina quelante é basicamente um copolímero orgânico que contém átomos dadores que podem interagir com sucesso com átomos metálicos através de ligações coordenadas. Além disso, a espinha dorsal do polímero torna-os mais eficientes, oferecendo uma grande área de superfície. Apresentam algumas vantagens em relação à extração por solventes, tais como um fator de pré-concentração mais elevado, melhor eficiência, maior reprodutibilidade e maior simplicidade de manuseamento e transferência. A presença de metais pesados no ambiente é motivo de preocupação devido à sua toxicidade aguda e a longo prazo. A fim de remover metais pesados perigosos, a técnica de permuta iónica tem sido habitualmente utilizada.

Os permutadores de iões têm sido amplamente utilizados na hidrometalurgia, na purificação de antibióticos, na química analítica, na separação de radioisótopos e também têm aplicações em grande escala no tratamento de águas e no controlo da poluição. Algumas resinas fenólicas, como o poli [3-5-(1-carboxil-2-hidroxifenileno) etileno], o poli [(1-carboxi-

2-hidroxi-3, 5- fenileno) etileno], o poli [5-acetil-4-hidroxil-3-fenileno) 1-2 etanodil] e o poli [3,5-(1-formil-3-hidroxifenileno) etileno] foram preparadas pela via de condensação de Friedel Craft, que provou ser um bom permutador de iões e seletivo para certos iões metálicos. As resinas de terpolímero aniónico e as resinas de terpolímero catiónico são ambos materiais sólidos, mas numa resina de terpolímero aniónico, os iões positivos estão fortemente ligados, enquanto os iões negativos estão fracamente ligados. Os iões negativos da resina trocam com os aniões na solução. O inverso é verdadeiro para a resina de terpolímero de permuta catiónica, em que os aniões estão fortemente ligados, enquanto os iões positivos, fracamente ligados, trocam com os iões positivos na solução. Estes terpolímeros têm aplicações em estudos científicos e têm sido utilizados para isolar e recolher vários tipos de substâncias iónicas.

Foi realizado um número significativo de investigações utilizando o método de permuta iónica para a extração de metais e a divisão de metais na indústria hidrometalúrgica. As exigências que a indústria impõe aos ionitos no que diz respeito à estabilidade termoquímica, estabilidade à radiação, durabilidade mecânica e seletividade aos iões metálicos aumentam, tendo em conta a vasta aplicação dos polímeros de permuta iónica em muitos domínios da economia, da ciência e da técnica nacionais.

Aplicações dos terpolímeros

Os polímeros são os materiais das gerações passadas, presentes e futuras. A utilização de terpolímeros em todas as esferas da vida tem aumentado abundantemente nos últimos anos devido à sua novidade e versatilidade. As propriedades condutoras de eletricidade dos terpolímeros são um dos pontos centrais de interesse atual na física e na química do estado sólido. Os semicondutores são a parte mais importante da eletrónica moderna, incluindo computadores, baterias recarregáveis, díodos emissores de luz, sensores moleculares, telemóveis, assistentes digitais, dispositivos de embalagem, etc. Os materiais poliméricos afectam todos os dias da vida, têm tantas caraterísticas e aplicações variadas que a sua utilidade só pode ser medida pela imaginação, pelo que o produto do terpolímero apresenta caraterísticas extremamente fiáveis que abrem novos desafios na sociedade atual. Os terpolímeros são materiais úteis para o fabrico, inércia química e leveza. Os terpolímeros com cadeias altamente conjugadas têm atraído muita atenção nos últimos anos porque são materiais de interesse académico e também são investigados como materiais de eletrónica, opto-eletrónica e fotónica. Além disso, os terpolímeros condutores de eletricidade têm uma grande variedade de aplicações, desde materiais para eléctrodos, dispositivos microelectrónicos, baterias orgânicas a dispositivos de visualização eletroquímica, catalisadores para processos foto-electroquímicos. O método de policondensação oxidativa consiste simplesmente na reação de compostos que incluem grupos -OH e grupos funcionais activos ($-NH_2$, -CHO, -COOH) na sua estrutura com o catalisador. Outra classe desta família é a das poliiminas (PI), que são os polímeros sintetizados por uma reação de policondensação entre uma imina e uma hidrazina com um aldeído ou uma dicetona. Devido às propriedades baseadas na sua estrutura eletrónica, os oligofenóis e os seus derivados têm sido utilizados em vários domínios. Possuem paramagnetismo, semicondutor, célula eletroquímica e resistência a altas energias. Por conseguinte, têm sido utilizados para preparar compósitos com resistência a altas temperaturas e materiais de grafite, oligómeros epóxi e terpolímeros em bloco, adesivos, foto-resistências e materiais antiestáticos. Os derivados terpoliméricos de fenóis têm propriedades antimicrobianas. No domínio da biomedicina, as infecções associadas aos biomateriais constituem um desafio significativo para uma aplicação mais generalizada dos implantes médicos. Os agentes antimicrobianos poliméricos têm a vantagem de não serem voláteis, de serem quimicamente estáveis e de não penetrarem na pele. Assim, podem reduzir as perdas associadas à volatilização, à decomposição fotolítica e ao transporte. Com a expansão cada vez maior do campo, há um número cada vez maior de materiais terpoliméricos novos e inovadores a serem utilizados.

Além disso, os cientistas dos terpolímeros têm tentado obter resinas poliméricas com propriedades melhoradas, tais como estabilidade térmica, durabilidade, elevada resistividade química, condutividade e capacidade de troca iónica no domínio da aplicabilidade desejada. Os terpolímeros semicondutores têm sido objeto de estudo durante muitas décadas para produtos de aplicação quotidiana, por exemplo, para utilização em sensores eléctricos e dispositivos electrónicos, como chips de computador, materiais eléctricos, indústrias, etc.

Foi efectuada uma avaliação da bioestabilidade hidrolítica e da oxidação de um novo material acrílico terpolimérico feito de metacrilato de hexametilo (HMA), metacrilato de metilo (MMA) e ácido metacrílico (MAA). Os resultados deste estudo indicam uma excelente bioestabilidade dos terpolímeros HMA-MMA-MAA e, por conseguinte, o seu potencial para utilização em dispositivos biomédicos para implantação a longo prazo.

Hidrogéis de terpolímeros termossensíveis baseados em N-tert-butilacrilamida (NtBAAm), N-isopropilacrilamida (NIPAAm) e N-vinilpirrolidona (NVP) foram fotopolimerizados e caracterizados com sucesso. O sistema de hidrogel proposto poderá encontrar aplicações num domínio mais vasto da interação gel/fármaco, para o desenvolvimento de dispositivos de libertação controlada e de libertação orientada.

Foi sintetizado um sistema de terpolímeros metacrílicos com propriedades interfaciais não incrustantes através da copolimerização aleatória de metacrilato de hexilo, metacrilato de metilo e metacrilato de sulfobetaína. Os materiais contendo zwitterion foram eficazes na resistência à adsorção de fibrinogénio e à adesão de plaquetas. Foi observada uma forte resistência à adsorção de proteínas e à adesão de células e plaquetas nos materiais sintetizados a partir de metacrilato de sulfobetaína. O poliestireno-divinilbenzeno foi funcionalizado por acoplamento através de um grupo -N=N- com quantidades vestigiais e seletivamente separado de amostras geológicas, medicinais e ambientais.

Recentemente, as resinas terpoliméricas, como o resorcinol-ureia-formaldeído e a ureia-melamina-formaldeído, foram utilizadas como aglutinante para madeira de qualidade para interiores, aumentando a resistência à água e a resistência física e reduzindo a emissão de formaldeído em comparação com a resina copolimérica. Mas a resina de ureamelamina-formaldeído modificada com melamina de baixo nível foi considerada mais superior para a mesma aplicação.

Os terpolímeros de fenol-formaldeído, juntamente com a grafite, servem como compósito condutor para placas bipolares. Foi preparado pelo método de condensação do composto aromático aldeído-poliamina e utilizado na instalação de eletrólise de NaCl. Foi relatada a remoção de impurezas metálicas de placas de semicondutores ou de elementos semicondutores através da utilização de polímeros quelatos. Foi relatada a utilização de resina de terpolímero quelante em fluido de polimento capaz de formar quelato com tungsténio para o fabrico de dispositivos semicondutores.

Atualmente, a utilização de plastificantes é cada vez mais comum para tornar os polímeros mais flexíveis, reduzindo a temperatura de transição vítrea, ou para reduzir a viscosidade, de modo a facilitar o seu processamento.

Elastómeros de etileno-propileno-dieno-terpolímero preenchidos foram utilizados como anti-envelhecimento para o estudo do isolamento térmico de motores de foguetões sólidos ligados a caixas. Os motores de foguetão foram isolados com uma composição optimizada e com propulsor fundido, os enchimentos melhoraram a resistência à rutura,

A aplicação de resinas de permuta iónica de terpolímeros quelantes para a extração de elementos vestigiais de amostras geológicas foi relatada, no âmbito deste estudo, a utilização de resinas de permuta iónica para o processo de extração quantitativa em lote para o ião de elementos vestigiais da matriz polimérica. A técnica de fluorescência de raios X foi utilizada para a determinação de cobalto, níquel e bismuto. A utilização de resinas comercialmente disponíveis, tais como Amberlite XAD-2, XAD-4 e IRC-718, tem sido uma bênção para os analistas e químicos modernos, que as empregam para efeitos de pré-concentração e extração em fase sólida de iões metálicos valiosos. Foi estudada a absorção intestinal de derivados poliméricos de elevado peso molecular dos corantes alimentares amarelo-sol e tartrazina em ratos.

A rota sintética da nova resina de terpolímero de melamina-formaldeído foi modificada por benzenosulfonação com ácido sulfanílico por Pruneanu. São homopolímeros ou copolímeros de uma variedade de monómeros acrílicos que contêm frequentemente grupos de ácidos carboxílicos livres. Os polímeros que funcionam como espessantes actuam a pH elevado utilizando as variações conformacionais dos poliacrilatos que resultam da ionização dos grupos ácidos.

Alguns desenvolvimentos recentes no domínio dos polímeros condutores, que cresceram muito rapidamente, permitem aumentar a condutividade através da dopagem de conjugados intrinsecamente isolados com agentes oxidantes e redutores, embora sofram de duas desvantagens, como a instabilidade química e a fraca processabilidade.

O presente livro pretende dar orientações com exemplos para sintetizar uma nova resina terpolimérica utilizando o monómero funcional, por exemplo, como p-hidroxibenzaldeído, tioureia e etilenoglicol, com a ajuda do método de policondensação catalisado por PPA (ácido polifosfórico).

As resinas terpoliméricas sintetizadas foram analisadas por meio de vários métodos físico-químicos, tais como análise elementar, determinação do peso molecular, UV-Visível, IR e^{1} H NMR espectros pelos quais este livro orienta que, usando o espetro, como pode desenhar a estrutura provisória de terpolímeros.

Capítulo 2

TÉCNICA DE SÍNTESE DE NOVOS TERPOLÍMEROS

Este capítulo descreve a síntese de terpolímeros. Foram feitas muitas tentativas para planear um método sintético para melhorar as propriedades da resina de terpolímero, quer por substituição direta ou indireta do grupo funcional ativo no local ativo da matriz de polímero, quer por policondensação para resinas de terpolímero. A policondensação é importante no que diz respeito a este trabalho.

Como é que se pode sintetizar um terpolímero?

Tomando como exemplo o HBTE, apresento a técnica de síntese do terpolímero pelo método de policondensação simples

Todos os produtos químicos utilizados como materiais de partida na síntese da resina terpolimérica eram de grau AR ou quimicamente puros. Foram utilizados produtos químicos como o p-hidroxibenzaldeído, a tioureia, o etilenoglicol e o ácido polifosfórico. Os solventes, como o DMF e o DMSO, foram purificados por destilação. A água desionizada foi utilizada para a síntese.

Por exemplo

Síntese de resinas derivadas de p-hidroxibenzaldeído, tioureia e etilenoglicol (HBTE)

A resina de terpolímero HBTE-I foi sintetizada por policondensação de p-hidroxibenzaldeído, tioureia com etilenoglicol na presença de ácido polifosfórico como catalisador com proporção molar 1:1:3 de monómeros em reação a 120° C durante 5,30 horas. A uma mistura bem agitada e arrefecida com gelo de p-hidroxibenzaldeído (0,1 M), tioureia (0,1 M) e etilenoglicol (0,3 M), adicionou-se lentamente ácido polifosfórico (PPA, 20 g) como catalisador, com agitação contínua. A mistura reacional foi deixada à temperatura ambiente durante 30 minutos e aquecida num banho de óleo a 120° C durante 5,30 horas. A mistura reacional foi então arrefecida, vertida em gelo picado e deixada durante a noite. Separou-se um sólido castanho-avermelhado. Este foi recolhido por filtração e o produto foi lavado várias vezes com água quente para remover o componente que não reagiu. O produto seco foi esmagado e espremido com éter para remover o copolímero indesejado e, posteriormente, o produto foi agitado com éter e seco ao ar. A resina terpolimérica HBTE-I foi seca ao ar, transformada em pó e mantida num exsicador a vácuo durante 4-5 horas. O rendimento foi de 77%.

Do mesmo modo, a resina terpolimérica HBTE-II foi preparada com uma proporção molar variável de 2:1:4 de monómeros em reação a 120° C durante 5,30 horas, na presença de ácido polifosfórico como catalisador, e purificada de acordo com o método acima descrito. O rendimento foi de 82%.

Os esquemas de reação do HBTE-I e do HBTE-II são apresentados nas figuras 1 e 2, respetivamente. A tabela 1 mostra os pormenores da síntese do terpolímero HBTE.

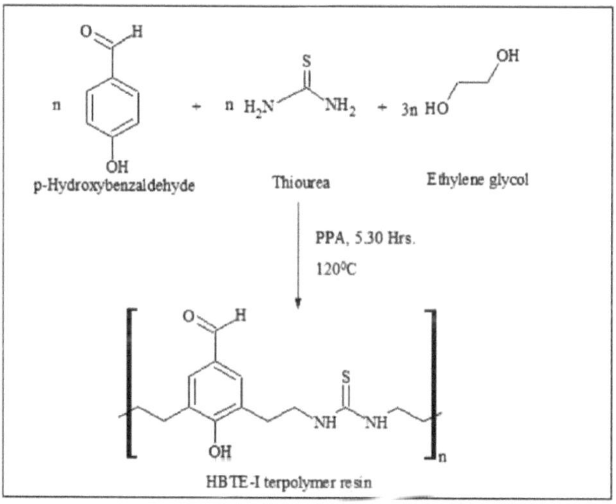

Figura 1 Esquema de reação da resina terpolimérica HBTE-I

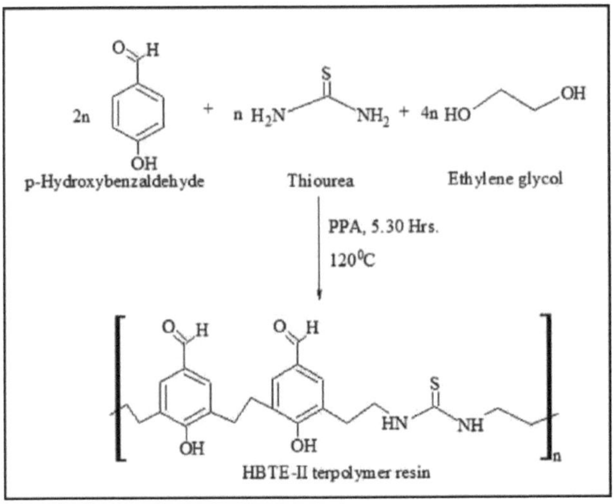

Figura 2 Esquema de reação da resina terpolimérica HBTE-II

Quadro 1 Pormenores da síntese das resinas de terpolímero HBTE

Terpolymer resins	HBTE-I	HBTE-II
P-hydroxybenzaldehyde	1M	2M
Thiourea	1M	1M
Ethylene glycol	3M	4M
Catalyst (Polyphosphoric acid)	20 gm	20 gm
Reflux Temperature ± 2°C	120	120
Time (Hours)	5.30	5.30
Yield	77%	82%
Colour of synthesized resin	Reddish brown	Reddish brown

Após a síntese destes terpolímeros, vamos verificar a solubilidade dos mesmos em vários solventes, tais como acetona, benzeno, CCl4, $CHCl_3$, CS_2, dioxano, etc. A Tabela 2 mostra a solubilidade das resinas de terpolímero HBTE em diferentes solventes.

Quadro 2 Solubilidade das resinas terpoliméricas em diferentes solventes

Solvents	Terpolymer Resins	
	HBTE-I	HBTE-II
Acetone	Insoluble	Insoluble
Benzene	Insoluble	Insoluble
CCl_4	Insoluble	Insoluble
$CHCl_3$	Insoluble	Insoluble
CS_2	Insoluble	Insoluble
Dioxane	Insoluble	Insoluble
DMF	Insoluble	Insoluble
DMSO	Soluble	Soluble
Aq. NaOH	Soluble	Soluble
Ethanol	Insoluble	Insoluble
HCl (1:1)	Insoluble	Insoluble
Methanol	Insoluble	Insoluble
THF	Insoluble	Insoluble

Capítulo 3

APLICAÇÃO DA TÉCNICA EXPERIMENTAL EM TERPOLYMERS

A resina terpolimérica recentemente sintetizada é caracterizada por métodos físico-químicos, tais como a análise elementar, a determinação do peso molecular, os espectros de absorção eletrónica, os espectros de IV e os espectros de RMN^1 H.

As resinas de terpolímero HBTE eram de cor castanha avermelhada. As resinas de terpolímero puras eram solúveis em solvente DMSO e em solução de NaOH, mas insolúveis em ácidos e solventes orgânicos comuns.

Análise elementar

As resinas terpoliméricas foram analisadas quanto à percentagem de carbono, hidrogénio e azoto. Foi efectuada a análise elementar (CHN) das amostras de resinas terpoliméricas.

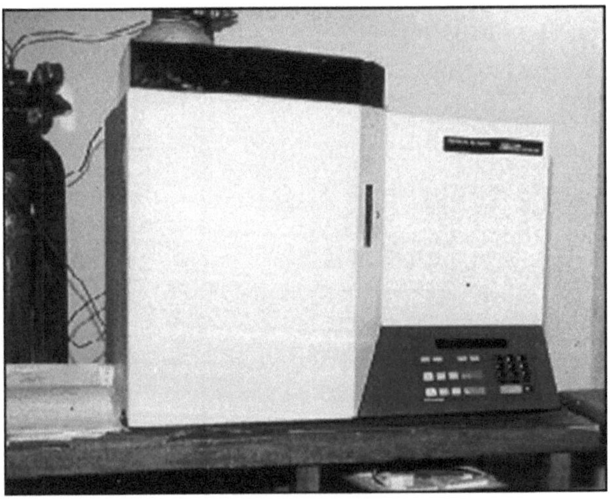

Analisador elementar

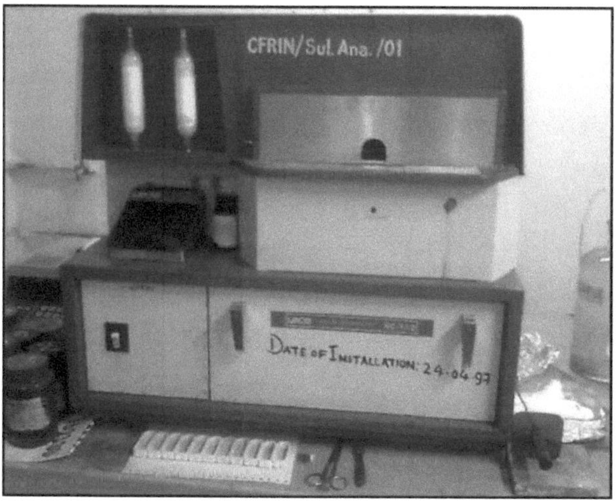

Determinador de enxofre Leco modelo n.º SC-132

Por exemplo:

Análise elementar do terpolímero HBTE p-hidroxibenzaldeído-tioureia-etilenoglicol (HBTE)

As resinas de terpolímero HBTE foram analisadas quanto à percentagem de carbono, hidrogénio e azoto. Os resultados foram apresentados na tabela 3 seguinte. Pode ser visto que os valores estão em boa concordância com os valores calculados. Os resultados sugerem que o peso molecular da unidade repetida nas resinas terpoliméricas HBTE preparadas variando a composição dos reagentes p-hidroxibenzaldeído, tioureia e etilenoglicol.

A fórmula molecular da unidade de repetição da resina terpolimérica HBTE-I e HBTE-II é $(C_{14}H_{17}O_2N_2S)_n$ e $(C_{23}H_{26}O_4N_2S)_n$, respetivamente.

Quadro 3 Análise elementar das resinas de terpolímero HBTE

Resins	% C		% H		% N		%S	
	Calc.	**Found**	**Calc.**	**Found**	**Calc.**	**Found**	**Calc.**	**Found**
HBTE-I	60.43	60.43	6.47	6.07	10.07	10.15	11.51	11.73
HBTE-II	64.77	64.72	6.14	6.10	6.57	6.53	7.52	7.50

Determinação do peso molecular

A determinação do peso molecular das amostras de resinas terpoliméricas foi efectuada por titulação condutométrica em meio não aquoso, uma vez que as amostras têm grupos fenólicos -OH fracamente ácidos. O método provou ser um método simples para estimar o número médio de peso molecular das resinas fenólicas.

O peso conhecido da amostra terpolimérica foi dissolvido em solvente DMSO. A célula de condutividade foi mergulhada na solução para medir a condutividade específica. Utilizou-se como titulante uma solução padrão de hidróxido de potássio etanólico (0,1M KOH). O titulante foi adicionado à solução de polímero em lotes de 0,2 ml. Após cada adição de lotes de 0,2 ml, permitiu-se que o sistema atingisse o equilíbrio térmico, mantendo um intervalo de 2-3 minutos entre as adições do lote. Após o ponto de equivalência, todos os grupos fenólicos -OH foram neutralizados pelo titulante KOH alcoólico. A condutância aumenta de forma constante. Esta foi uma indicação da conclusão de uma fase de neutralização. A quantidade de base adicionada foi convertida em miliequivalentes necessários para neutralizar 50 mg de resina.

Foi traçado um gráfico da condutância específica em função dos miliequivalentes de base (KOH) adicionados para 50 mg de resina. A inspeção desse gráfico revelou a existência de várias quebras no gráfico. Foram registados os miliequivalentes de titulante adicionados até à primeira quebra. Esta foi a mais pequena de todas as quebras e o total de miliequivalentes de base adicionados até à até à última quebra. O grau de polimerização ($\overline{Dp}$) e o peso molecular médio numérico ($\overline{Mn}$) foram calculados utilizando as seguintes equações (1) e (2). O peso unitário repetido foi obtido a partir da análise elementar.

$$\overline{Dp} = \frac{Total \quad Meq. \quad of \quad base \quad required \quad for \quad last \quad break}{Meq. \quad of \quad base \quad required \quad for \quad first \quad break} \qquad \ldots\ldots\ldots (1)$$

$$\overline{Mn} = \overline{Dp} \times repeat \quad unit \quad weight \qquad \ldots\ldots\ldots\ldots (2)$$

Por exemplo:

Determinação do peso molecular das resinas de terpolímero HBTE

Uma vez que todas as resinas HBTE contêm um grupo fenólico -OH (grupo fracamente ácido), os pesos moleculares das resinas foram determinados por titulação condutométrica não aquosa. As curvas de titulação são obtidas traçando a condutância específica versus o m.eq. de KOH (0,1M) necessário por 100 g de resina, como mostrado na figura 3. A razão entre o m.eq. de KOH por 100 g de resina necessário para a última quebra e o necessário para a primeira quebra dá o grau de polimerização ($\overline{Dp}$). O peso molecular da resina foi obtido multiplicando o respetivo $\overline{Dp}$ pelo peso molecular da unidade repetida, obtido a partir da análise elementar. A tabela 4 mostra que o peso molecular aumenta com o aumento da composição de p-hidroxibenzaldeído, etilenoglicol e vice-versa.

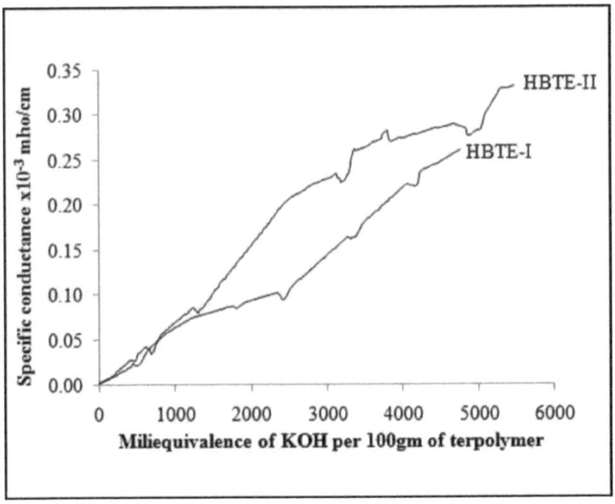

Figura 3 Curva de titulação condutométrica não aquosa das resinas HBTE

Quadro 4 Peso molecular médio numérico das resinas HBTE

Resins	**M.eq. of KOH per 100 g of resin required for first Break**	**M.eq. of KOH per 100 g of resin required for last Break**	$\overline{Dp}$	**Molecular Weight of Repeat Unit**	**Molecular Weight ($\overline{Mn}$)**
HBTE-I	360	4020	11.2~11	277	3047
HBTE-II	380	5280	13.9~14	426	5964

Análise espectroscópica

A identificação de compostos foi revolucionada pela disponibilidade de instrumentos que tornam possível medir rápida e convenientemente o ultravioleta, o infravermelho e a ressonância magnética nuclear de resinas terpoliméricas com uma quantidade muito pequena dos materiais. Neste capítulo, será apresentada uma breve discussão sobre a utilização do ultravioleta, do infravermelho e da ressonância magnética nuclear para a identificação de grupos funcionais.

a) Espectros UV-Visível

Os espectros das resinas terpoliméricas foram registados na região de 200-1000 nm. A espetroscopia de ultravioleta é utilizada para a identificação de grupos funcionais e compostos. A informação utilizada inclui um estudo da forma das curvas dos espectros de absorção; as absorvâncias e a posição dos máximos; a relação das absorvâncias nos máximos; e as alterações que podem ocorrer após tratamento químico e físico.

O espetro ultravioleta resulta da excitação eletrónica da molécula pela luz irradiada. Em geral, apenas as moléculas que contêm ligações múltiplas têm estados excitados suficientemente estáveis para dar origem a absorção no ultravioleta próximo; em consequência, estes espectros diagnosticam a insaturação das moléculas absorventes. Assim, os hidrocarbonetos saturados, os álcoois e os éteres são transparentes nesta região. As olefinas monofuncionais, os acetilenos, os ácidos carboxílicos, os ésteres e as amidas têm espectros de absorção fora da região do ultravioleta próximo e, em geral, apresentam apenas absorção final. Existe uma terceira classe de compostos, que inclui aldeídos, cetonas e compostos alifáticos, que se caracteriza por máximos de absorção no ultravioleta próximo.

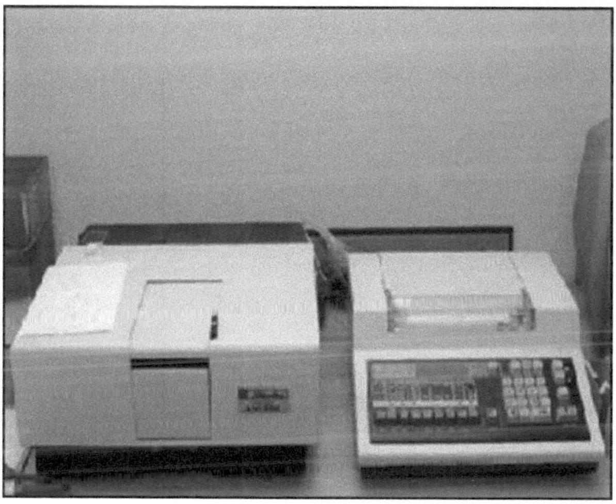

Espectrofotómetro UV-Visível Shimadzu modelo n.º 1800

Por exemplo:

Espectros UV-Visível das resinas de terpolímero HBTE

O DMSO de grau espetroscópico é utilizado como solvente para registar os espectros de absorção eletrónica das resinas de terpolímero HBTE sintetizadas, purificadas e devidamente secas. Os espectros UV-Visível são apresentados na figura 4 e os dados do espetro são tabulados na tabela 5

No HBTE-I, um pico a 220,5 nm foi atribuído à transição n-σ* devido à fração **C-NH-** e o pico a 263,0 nm foi atribuído a π-π* devido ao anel aromático. As transições n-π* a 287,5 nm e 299,0 nm foram devidas à fração >C=S e -CHO.

No HBTE-II, um pico a 220,5 nm foi atribuído à transição n-σ* devido à fração C-**NH-** e o pico a 264,5 nm foi atribuído a π- π* devido ao anel aromático. As transições n-π* a 288,0 nm e 298,0 nm foram devidas às fracções >C=S e -CHO.

As resinas de terpolímero HBTE produzem uma banda de absorção n-π* que suporta a absorção para comprimentos de onda mais longos, ou seja, um desvio batocrómico do valor básico devido à presença do grupo hidroxilo fenólico no anel de benzeno.

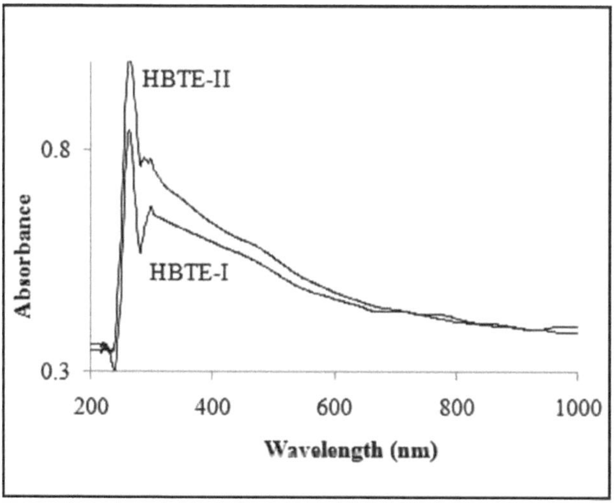

Figura 4 Espectros UV-Visível das resinas de terpolímero HBTE

Quadro 5 Dados espectrais UV-Visível das resinas de terpolímero HBTE

Transition	**HBTE-I resin**	**HBTE-II resin**	**Group / moiety assigned**
	wavelength (nm)	**wavelength (nm)**	
n–σ*	220.5	220.5	C-NH- moiety
π– π*	263.0	264.5	Aromatic ring
n–π*	287.5	288.0	>C=S
	299.0	298.0	-CHO group

b) Espectros de IV

Desde que a fórmula molecular seja conhecida, é frequentemente possível interpretar os espectros de infravermelhos de modo a fornecer uma base para a atribuição da estrutura molecular, particularmente de compostos relativamente simples. Os espectros das resinas terpoliméricas foram registados na região 4000-500 cm^{-1} pelo método das pastilhas de KBr. A radiação infravermelha refere-se, em termos gerais, à parte do espetro eletromagnético situada entre as regiões do visível e das micro-ondas. A parte de maior utilidade prática para o químico orgânico é a limitada entre 4000 e 500 cm^{-1} . Embora o espetro de infravermelhos corresponda às caraterísticas de toda a molécula, é verdade que certos grupos de átomos dão origem a bandas com a mesma frequência ou próximas dela, independentemente da estrutura do resto da molécula. É a persistência destas bandas caraterísticas que permite ao químico obter informações estruturais úteis através de uma simples inspeção e referência a gráficos generalizados de frequências de grupos caraterísticos. A aplicação extensiva da espetroscopia de infravermelhos deve-se principalmente ao conceito de vibração de grupo. Qualquer alteração estrutural, como substituições ou adições de grupos ou átomos numa molécula, afecta o modo relativo de vibração do grupo de interesse especial, o que resulta numa diferença entre os espectros do monómero e dos polímeros, que são normalmente dos seguintes tipos

i) Alteração da posição da banda
ii) Alteração das intensidades relativas e aparecimento de novas bandas
iii) Desaparecimento de algumas frequências de banda.

Assim, muitos colaboradores utilizam este método para obter informações estruturais úteis mesmo de estruturas poliméricas complicadas. Os espectros de infravermelhos da resina terpolimérica estudada na presente investigação foram obtidos com um objetivo limitado de obter informações sobre os diferentes grupos funcionais no monómero, o que ajudaria a chegar à possível estrutura da resina terpolimérica.

Espectrofotómetro FT-IR

Por exemplo:

Espectros de infravermelhos das resinas de terpolímero HBTE

Os espectros de infravermelhos das resinas de terpolímero HBTE são apresentados na figura 5 e os dados de IV são tabulados na tabela 6. Os estudos dos espectros de infravermelhos dos terpolímeros HBTE revelaram que ambos os terpolímeros dão origem a um padrão de espectros quase semelhante. A atribuição de frequências vibracionais baseia-se principalmente nos dados disponíveis na literatura.

No HBTE-I, um pico médio a 3578 cm^{-1} deveu-se claramente ao estiramento N-H do grupo amida secundário. Apareceu uma banda de absorção larga na região de 3435 cm^{-1} que foi atribuída às vibrações de estiramento do grupo fenólico (-OH), exibindo ligações de hidrogénio intermoleculares. A presença de picos a 2748, 2920 cm^{-1} deveu-se ao estiramento -C-H- no aldeído (doublet devido à ressonância de Fermi). Os picos a 1682 cm^{-1} e 1655 cm^{-1} devem-se à banda C=O (aldeído). A presença de um pico a 1603 cm^{-1} deve-se a um anel aromático. Foi observada a flexão N-H a 1560 cm^{-1} . Um pico médio acentuado a 1508 cm^{-1} é atribuído ao grupo amida secundário. Apareceu um pico a 1462 cm^{-1} devido à ponte de metileno acoplada ao anel aromático. Um pico a 1381 cm^{-1} foi atribuído à vibração de flexão no plano do fenólico - OH. 1344 cm^{-1} deveu-se à curvatura C-H do aldeído. As bandas que apareceram a 1295 cm^{-1} e 1284 cm^{-1} foram atribuídas ao estiramento C-N no CSNH-. A 1, 2, 3, 5- tetra substituição do anel aromático foi atribuída devido aos picos a 1220, 1095 e 973 cm^{-1} . Apareceu um pico forte a 1200 cm^{-1} devido à vibração de estiramento C=S. A presença de um pico a 831 cm^{-1} deveu-se ao $-CH_2-$ (wagging).

No HBTE-II, um pico médio a 3575 cm^{-1} deveu-se claramente ao estiramento N-H do grupo amida secundário. Apareceu uma banda de absorção larga na região de 3434 cm^{-1} que foi atribuída às vibrações de estiramento do grupo fenólico (-OH), exibindo ligações de hidrogénio intermoleculares. A presença de picos a 2745, 2916 cm^{-1} deveu-se ao estiramento -C-H- no aldeído (doublet devido à ressonância de Fermi). Os picos a 1686 cm^{-1} e 1655 cm^{-1} são atribuídos à banda C=O (um aldeído). A presença de um pico a 1601 cm^{-1} deve-se a um anel aromático. Foram observadas as curvas N-H a 1560 cm^{-1} . Um pico médio acentuado a 1509 cm^{-1} foi atribuído ao grupo amida secundário. Apareceu um pico a 1458 cm^{-1} devido à ponte de metileno acoplada ao anel aromático. Um pico a 1383 cm^{-1} foi atribuído à vibração de flexão no plano do -OH fenólico. A 1345 cm^{-1} surgiu devido à curvatura C-H do aldeído. As bandas que apareceram a 1297 cm^{-1} e 1285 cm^{-1} foram atribuídas ao estiramento C-N na amida secundária. A 1, 2, 3, 5- tetra substituição do anel aromático foi atribuída aos picos a 1220, 1080 e 963 cm^{-1} . Apareceu um pico forte a 1200 cm^{-1} devido à vibração de estiramento C=S. A presença de um pico a 831 cm^{-1} deveu-se ao $-CH_2-$ (wagging).

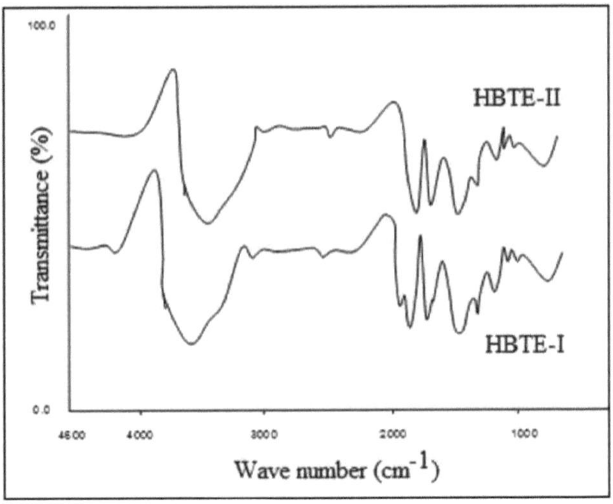

Figura 5 Espectros de IV das resinas de terpolímero HBTE

Quadro 6 Dados espectrais de IV das resinas terpoliméricas HBTE

Frequency (cm^{-1})		Assignment
HBTE-I	HBTE-II	
3578 (m)	3575 (m)	NH-stretching– secondary amide
3435 (b)	3434 (b)	Phenolic –OH group with intermolecular polymeric association
2748 (w), 2920 (m)	2745 (w), 2916 (m)	C-H streching in aldehyde (doublet due to Fermi resonance)
1682 (m), 1655 (s)	1686 (m), 1655 (s)	C=O band (aldehyde)
1603 (w)	1601 (w)	Aromatic-ring
1560 (w)	1560 (w)	N-H bending
1508 (s)	1509 (s)	Secondary amide
1462 (m)	1458 (m)	CH_2 bending bridge
1381 (m)	1383 (m)	Phenolic –OH in plane bending
1344 (m)	1345 (m)	Aldehydic C-H bending
1295 (w), 1284 (m)	1297 (w), 1285 (m)	C-N stretching band –CSNH-
1220 (m), 1095 (m), 973(w)	1220 (m), 1080 (m), 963 (w)	1,2,3,5 tetra substituted aromatic ring
1200 (s)	1200 (s)	C=S stretching vibration
831 (w)	831 (w)	-CH_2-wagging

(m) = médio, (b) = largo, (s) = agudo, (w) = fraco

c) Espectros de ressonância magnética nuclear (espectros NMR)

A espetroscopia de RMN tornou-se uma ferramenta importante para o estudo da configuração das cadeias, da distribuição das sequências e das microestruturas dos polímeros. A sua utilização evoluiu desde os primeiros estudos de linhas gerais do início do movimento molecular em polímeros sólidos até aos estudos de soluções amplamente praticados de RMN de protões.

A técnica de RMN utiliza as propriedades de spin (momento angular e momentos magnéticos associados) dos núcleos cujo número atómico e número de massa não são pares. A aplicação de um campo magnético forte ao material que contém esses núcleos divide o nível de energia em dois estados denominados spin paralelo e spin antiparalelo ao campo. A transição entre os estados leva à absorção ou emissão de energia.

$$\mathbf{E = h\nu_o = 2\ \mu H_o} \qquad \text{..........................} \ (3)$$

Onde, μ é o momento magnético do núcleo e H_o é a intensidade do campo na ordem de 10.000 ou mais. A mudança de energia é observada como um pico de ressonância onde a frequência ν_o ou H_o é variada, com a outra mantida constante. A deslocação no

ressonâncias designadas por desvio químico ('δ). O zero da escala δ é um ponto de referência fornecido pela ressonância única do protão equivalente no tetrametil silano. Para obter espectros de RMN de alta resolução, utiliza-se uma força de campo magnético elevada, na gama de 60 000 - 2 20 000 gauss, e um íman supercondutor utilizado em instrumentos recentes.

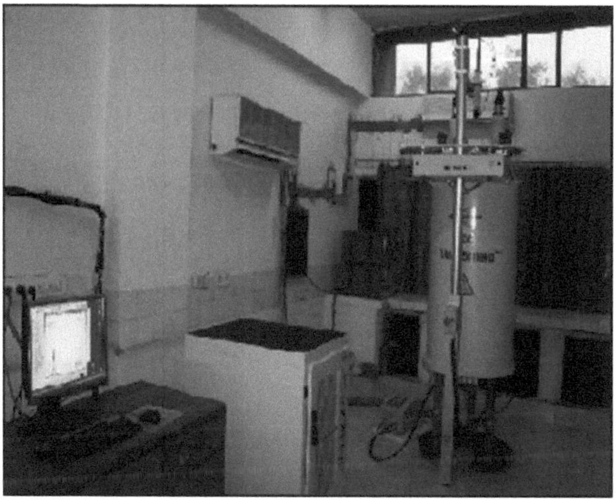

Espectrómetro de RMN

Por exemplo

[1]Espectros de RMN de H das resinas de terpolímero HBTE

O espetro[1] H NMR das resinas terpoliméricas HBTE-I e HBTE-II é apresentado nas figuras 6 e 7 abaixo, respetivamente. [1]Os dados do espetro de RMN H estão tabelados na tabela 7.

No HBTE-I, um sinal a 2,5 δ ppm deveu-se ao solvente DMSO. O singleto médio a 2,8 δ ppm deve-se ao protão metileno da ponte Ar-CH_2 . Um singleto observado na região 3,9 δ ppm deveu-se ao protão metileno de uma fração Ar-CH_2 -NH. Um singleto observado na região de 5,6 δ ppm foi atribuído aos protões da ligação -NH. Os picos na região de 6,9 δ ppm são atribuídos aos protões do anel aromático. O sinal a 9,3 δ ppm foi atribuído ao grupo -OH de Ar-OH e indica a ligação de hidrogénio intramolecular entre o grupo -OH de Ar-OH e o grupo -NH da resina de terpolímero.

No HBTE-II, um sinal a 2,5 δ ppm deveu-se ao solvente DMSO. O singleto médio a 2,6 δ ppm deve-se ao protão metileno da ponte Ar-CH_2 . Um singleto observado na região 3,8 δ ppm deveu-se ao protão metileno de uma fração Ar-CH_2 -NH. Um singleto observado na região de 5,5 δ ppm foi atribuído aos protões da ligação -NH. Os picos na região de 7,1 δ ppm são atribuídos aos protões do anel aromático. O sinal a 9,5 δ ppm foi atribuído ao grupo -OH de Ar-OH e indica a ligação de hidrogénio intramolecular entre o grupo -OH de Ar-OH e o grupo -NH da resina de terpolímero.

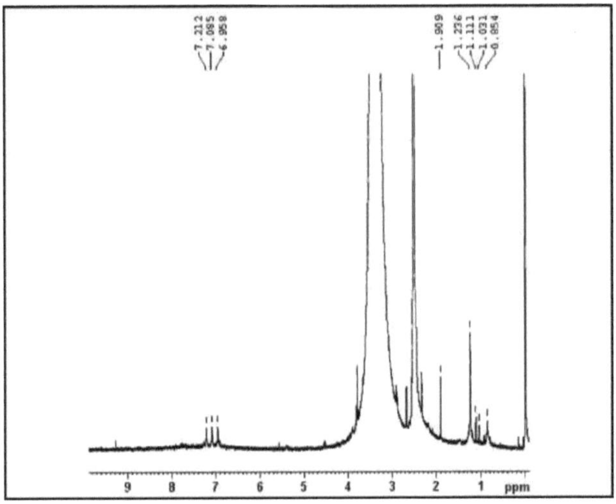

Figura 6^{1} H Espectros de RMN da resina terpolimérica HBTE-I

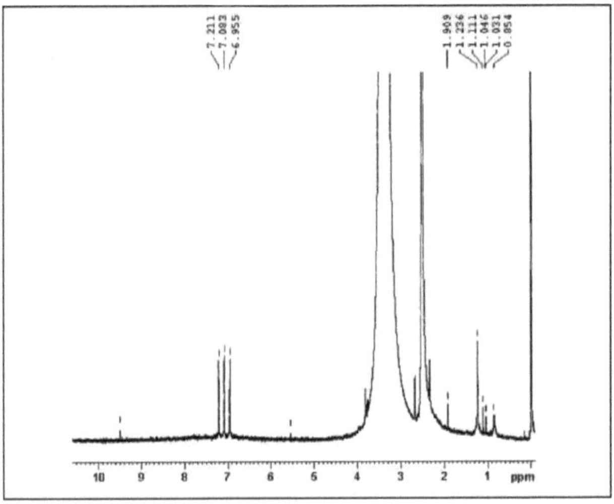

Figura 7^{1} H Espectros de RMN da resina terpolimérica HBTE-II

Tabela 7[1] H Dados espectrais de RMN do terpolímero HBTE

Chemical shift δ in ppm		Nature of proton assigned
HBTE-I	HBTE-II	
2.5	2.5	DMSO solvent
2.8	2.6	Ar-CH_2-
3.9	3.8	CH_2-NH
5.6	5.5	N-**H** Variable
6.9	7.1	Aromatic-**H** (asymmetrical substitution pattern)
9.3	9.5	–OH group of Ar-OH

Capítulo 4

ESTRUTURAS PROPOSTAS DE NOVOS TERPOLÍMEROS

A análise elementar de todas as resinas terpoliméricas sugere a fórmula molecular da unidade repetida e, uma vez que todas as resinas contêm um grupo -OH (fenólico) fracamente ácido, o grau de polimerização e o peso molecular médio numérico foram determinados por titulação condutométrica não aquosa. As estruturas mais prováveis das resinas terpoliméricas foram atribuídas com a ajuda de análise elementar, espectros UV-Visível, espectros IR e espectros^{1} H NMR.

Por exemplo:

A análise dos dados determinados na tabela 3, figura 3, tabela 4, figura 4, tabela 5, figura 5, tabela 6, figura 6, 7 e tabela 7, os dados da análise elementar, os espectros UV-Visível, os espectros IR e os espectros^{1} H NMR suportam a estrutura provisória proposta para as resinas terpoliméricas recentemente sintetizadas nas figuras 8 e 9.

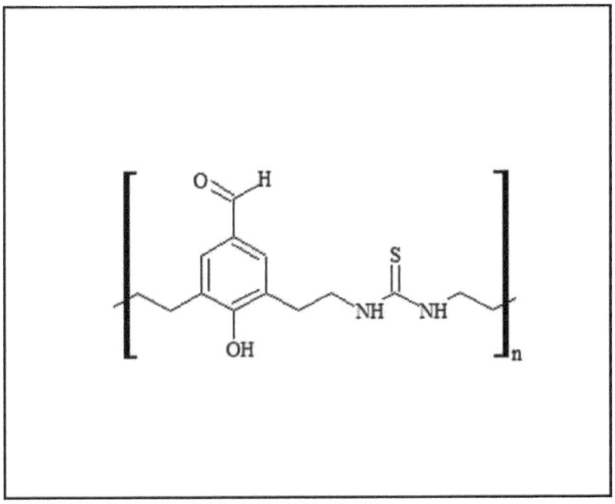

Figura 8 Estrutura provisória da resina terpolimérica HBTE-I

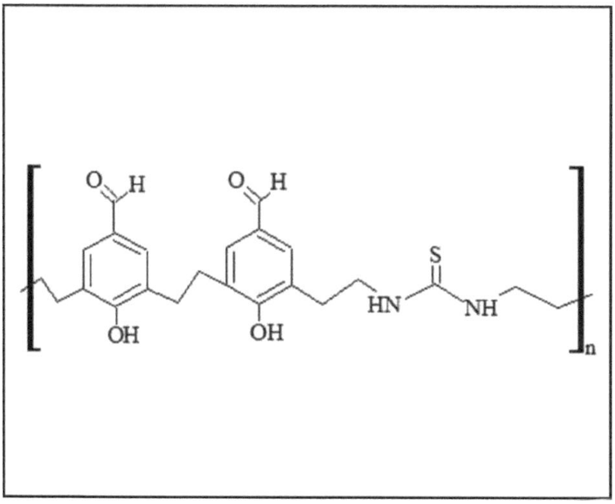

Figura 9 Estrutura provisória da resina terpolimérica HBTE-II

Através desta via, utilizando a ligação de glicol, será efectuada a síntese do terpolímero. O terpolímero é preparado, tendo em conta a necessidade de melhorar as propriedades do terpolímero para as condições de aplicação desejadas.

Referências

1. Lanz R. W., "Organic Chemistry of Synthetic High Polymer", Wiley- Interscience, N. Y. (1967).
2. Chaterjee S. K., *J. Polym. Sci.*, 1, **8**, 1299 (1970).
3. Reddy B.S.R., Rajdurai S. e Santappa M., *Indian J. Chem.*, **15A**, 424 (1977).
4. Bath B. P., Phenolic Resin Adhesives, Von Nostrand Reinhold Co., N. Y. (1977).
5. Sugii A., Ogawa N. e Hashizume M., *Chem. Pharm. Bull*, **26**, 798 (1978).
6. Reddy B. S. R, Rajdurai S. e Santappa M., *Indian. J. Chem.*, **17A**, 627 (1979).
7. Sugii A., Ogawa N. e Hashizume M., *Talanta.*, **27**, 627 (1980).
8. Phillips J. e Fritz J. S., *Anal. Chim. Ata*, **121**, 225 (1980).
9. Tomoshige S., Hirrai M. e Ueshima H., *Anal. Chim. Ata*, **115**, 285 (1980).
10. Ghosh J.P.e Das H.R., *Talanta*, **28**, 274 (1981).
11. Liu C. Y. e Sun P. J., *Anal. Chim. Ata*, **132**, 187 (1981).
12. Stilborn H.L., Skeeles J.K., e Waldgroup P.W., *Nutr. Res.*, **11(6)**, 599, (1991).
13. Patel M. N. e Patil S. H., *J. Macromol. Sci. Part A Pure Appl. Chem.*, **17(4)**, 675 (1982).
14. Manavalan R. e Patel M. M., *Makromol. Chem.*, **184**, 717 (1983).
15. Joshi R. M. e Patel M. M., *J. Macromol. Sci. Part A Pure Appl. Chem.*, **19 (5)**, 705 (1983).
16. Patel M. M. e Manavalan R., *Indian J. Chem*, **22A**, 117 (1983).
17. Pramanik P. e Mukherjee D., *Indian J. Chem*, **22A**, 44 (1983).
18. Joshi R. M. e Patel M. M., *Indian J. Chem*, **22A**, 390 (1983).
19. Patel M. M. e Manavalan R., J. *Indian Chem. Soc.*, **61**, 490 (1984).
20. Mazumdar M. e Shome S., *J. Indian Chem. Soc.*, **61**, 746 (1984).
21. Raval D. K., Narola B. N. e Patel A. J., *Iran. Polym. J.*, **14(9)**, 775 (1984).
22. Wrestler D. D., *Polymer*, **27(5)**, 757 (1986).
23. Kreibich , *J. Adhes.*, **22**, 153 (1987).
24. Pal T. K. e Kharat R. B., *Indian J. Chem*, **28A(1)**, 55 (1989).
25. Pancholi H. B. e Patel M. M., *J. Indian Chem. Soc.*, **75**, 86 (1989).
26. Pal T.K. e Kharat R. B., *Angew. Makromol. Chem.*, **173**, 55 (1989).
27. Chetan M.S., Ghadge R.S., Rajan C. R., Ganjikar V.G. e Ponrathnam S.,

Thermochimica Ata, **228**, 261 (1993).

28. Dev K., e Rao G. N., *Analyst*, **120**, 2509 (1995).
29. Style P.M., Chanda M. e Rempel G.L., *React. Funct. Polym.*, **31**, 89 (1996).
30. Raghava Rao M. P., Rao B. S. M., Rajan e Ghadge R.S., *Polym. Degrad. Stab.*, **61(2)**, 283 (1998).
31. Tiwari P. K. e Singh A. K., *Analyst*, **124**, 1847 (1999).
32. Bawankar S. V., Paliwal L. J. e Kharat R. B., *Asian J. Chem.*, **8,** 1185 (1999).
33. Miyane N., Tomoyasult S. e Toshinari K., *Nippon Setchaku Gakkai Nenji Koen Yoshishu,* **37**, 129 (1999).
34. www.sciencelinks-jp/j-east/article (1999).
35. www.sti.srs.gov/full text//ms2005638 (2005).
36. Spiratos M. e Rusu G.I., *Angew. Makromol. Chem.*, **107**, 33 (1982).
37. Gurunule W. B., Rahangdale e Kharat R. B., *Prog. Cryst. Growth Charact. Mater.*, **45(1-2)**, 155 (2002).
38. Gurunule W. B., Juneja H. D. e Paliwal L. J*, Rect. Funt. Polym*, **50(2)**, 95 (2002).
39. Mondal B.C. e Das A.K., *Indian J. Chem*, Sect. A., **41**, 182 (2002).
40. Gurunule W. B., Rahangdale P. K., Paliwal L. J. e Kharat R. B., *Synth. React. Inorg. Metal Org. Chem.*, **33(7)**, 1187 (2003).
41. Schwandt N. W. e Gound T. G., *JOE*, **29(7)**, 435 (2003).
42. Michael P.E.P., Lingala P. S., Juneja H. D. e Paliwal L. J., *J. Appl. Polym. Sci.*, **92**, 2278 (2004).
43. Bhatnagar M.S., A Textbook of Polymer, Vol. III, S. Chand and Co. Ltd., (2004).
44. Shah B.A., Shah A.V. e Shah P.M., *Irão. Polym. J.*, **15(10)**, 809 (2006).
45. www.ncl-india.org/macro2006/upload/CD-2/macro/poster/sync/p-27.pdf.
46. Baraka A., Halland P. J. e Heslop, *React. Funct. Polym.*, **37(7)**, 585 (2007).
47. http://ibcast.org.pk/IBCAST%20presentation/AM/Ramsha%20Raza.pdf
48. www.freepatentonline.com/4373067.html
49. Drage T.C., Arenillos A., Smith K. M., Pevidac. Piippo e Snape C.F., *Fuel*, **86(1-2)**, 22 (2007).
50. www.diacritech.com/samples/science
51. www.freepatentonline.com/3933677.html

52. Haworth Z. S., *Anal. Chem.*, **58(7)**, 1352 (1986).
53. Manavalan R., Patel M., *Angrew. Makro. Chem.*, **184(4)**, 717, (1982).
54. Parrish, J.R., *Chem. Ind. (Londres),* 386 (1955).
55. Pennington, L.D. e Williams, M.B., *Ind. Eng. Chem. Prod. Res. Dev.*, **51**, 759, (1959).
56. Hiwase V., "Synthesis and characterization of new formaldehyde based terpolymer resins", tese de doutoramento, RTM Nagpur University, (2008).
57. Pancholi H., Patel M., *React. Polym,* **16(1)**, 8, (1991).
58. Jadhao M. M., Paliwal L. J. e Bhave N. S., *J. Appl. Polym. Sci.*, **96**, 1605, (2005).
59. Patel J. R. Sutaria D. H. e Patel M. M., *High Perform. Polym.*, **6(3)**, 201 (1994).
60. Parmar J. S., Patel C. G. e Patel D. K., *High perform. Polym.,* **3(2)**, 89 (1991).
61. Patel D.B., Gurnule W.B., Zade A.B., *Der Pharma Chemica*, **3(3)**, 341 (2011).
62. Shah T. B., Dixit R. B. e Dixit B. C., *J. Therm. Anal. Calorim.*, **92(2),** 505 (2008).
63. Singru R. N. e Gurnule W. B., *J. Therm. Anal. Calorim.*, **100**, 1027 (2010).
64. Singru R. N., Zade A. B. e Gurnule W. B., *E-J.Chem.*, **6 (51),** 5171 (2009).
65. Nakanishi K., Infrared Absorption Spectroscopy Practical Nolden Day and Nankod, Tokyo (1967).
66. Jadhao M.M., Paliwal, L.J., e Bhave, N.S., *J. Appl. Polym. Sci.*, **96,** 1605 (2005).
67. Gurnule W.B., Juneja, H.D., e Paliwal, L.J., *React. Funct. Polym.*, **50(2)**, 95 (2002).
68. Hirani B.L., Paliwal S.N., Choudhary J., Choudhary P.R., *E-J. Chem.*, **4(2)**, 265 (2007).
69. Kalsi P.S., Spectroscopy of organic compounds. New age international, New Delhi, pp.9-20 (2004).
70. Silverstein R.M., Webster F.X., Spectrometric identification of organic compounds. 6th Edn. John Willey, Nova Iorque, pp. 217-248 (1998).
71. Dudley H., Fleming I., Spectroscopic methods in organic chemistry. McGraw Hill, Londres, Reino Unido, (1975).
72. Morrison R.T. e Boyd R.N., Organic Chemistry, Prentice Hall India Pvt. Ltd, New Delhi, pp.710 (2004).
73. Bellamy L.J., Infra red spectra of complex mol. Vol-1, Chapman & Hall, Londres,

pp.142-160 (1958).

74. Field L.D., Sternell S. e Kalman J.R., Org struct. from spectra, John Willey and Sons, New York, p.29 (1969).
75. Urade D.N., Hiwase V.V. e Kalambe A.B., *J. Chem. Pharma. Res.,* **4(1)**, 732 (2012).
76. Pal TK, Kharat RB, *Angew. Makromol. Chem.*, **113**, 55 (1989).
77. Karunakaran M, Vijaykumar CT, Magesh C, Amudha T, *IJEST,* **3(1)**, 162, (2011).
78. Khare P. K., Pandey R. K. e Jain P. L., *Bull. Mater. Sci*., **22(60)**, 1003 (1999).
79. Singh H. P. e Gupta D., *Indian J. Pure Appl. Phys.*, **24**, 444 (1986).
80. Mateveena E., Carracossa R. E., Polomino R. J. M. e Parkhutik V., *J. Appl. Polym. Sci.*, **94**, 1752 (2004).
81. Umare S. S., Borkar A. D., Gupta M. C., *Bull. Mater. Sci*., **23(3)**, 235 (2000).
82. Job A. E., Hermann P.S.P., Vaz D. O. Jr., e Mattoso H. C., *J. Appl. Polym. Sci*., **79**, 1220 (2001).
83. Pal T. K. e Kharat R. B. *Indian J. Chem*, **28A**, 55 (1998).
84. Patel M. M. e Joshi R. M., *J. Makromol. Sci. Chem*.A, **19(5),** 705 (1983).
85. Joshi R. M. e Patel M. M., *Indian J. Chem,* **22A**, 390 (1983).
86. Gurnule W.B., Katkamwar S.S., *Der Pharma Lettre,* **4(9),** 1360 (2012).
87. Gurnule W.B., Katkamwar S.S., *J chem. Pharma. Res.,* **4(4),** 2193 (2012).
88. Patel M. M. e Joshi R. M., *Indian J. Chem*, **21A**, 637 (1982).
89. Patel G. C., Pancholi H. B. e Patel M. M., *High Perform. Polym*., **3(2),** 99 (1991).
90. Bawankar S. V., Paliwal L. J. e Kharat R. B., *Asian J. Chem*., **11(4),** 1185 (1999).
91. Jadhao M., Bhave N. S., e Paliwal L. J., *J. Appl. Polym. Sci*., **101**, 227 (2006).
92. Gupta A. N., Hiwase V. V., Kalambe A. B., *J. Chem. Pharma. Res.*, **4(5),** 2475 (2012).
93. Urade D., Hiwase V. e Kalambe A., *Chem. Sci. Trans.,* **1(3)**, 604 (2012).
94. Singru R. N., Zade A. B., Gurunule W. B., *J. Appl. Polym. Sci.,* **109**, 859 (2008).
95. Rahangdale S. S., Zade A. B., Gurnule W. B., *J. Appl. Poly. Sci.,* **108(2),** 747 (2008).
96. Hiwase V. V., Kalambe A.B., Khedkar K.M., Deosarkar S.D., *E-J. Chem.*, 7**(1)**, 287 (2010).
97. Joshi R.M., Patel M.M., *J. Macromol. Sci. Part B,* **19(5),** 705 (1983).
98. Kapse S.K., Hiwase V.V. e Kalambe A.B., *J. Chem. Pharm. Res.*, **4(3),** 1734 (2012)
99. Lingala P.S., Michel P.E.P., Paliwal L.J. e Juneja H.D., Proc. National semi,

K.N.Mahavidyalaya Nagpur, 153 (2004).
100. DeGeiso R.C., Donaruma L.G., Tomic E.A., *Anal. Chem.,* **34**, 845 (1962).
101. Masram D.T., Bhave N.S., Kariya K.P., *E - J. Chem.* **7(2),** 564, (2010).
102. Masram D.T., Kariya K.P., Bhave N.S., *Arch. Appl. Sci. Res.* **2(2),** 153, (2010).
103. Masram D.T., Kariya K.P., Bhave N.S., *e-Polymer,* **75**, 1 (2007).
104. Shah B.A., Shah A.V., Shah M.S., *Irão. Polym. J.,* **15**, 809 (2006).
105. Patel J. R., Sutaria D. H. e Patel M. M., *High Perform. Polym.*, **6(3),** 201 (1994).
106. Parmar J. S., Patel C. G. e Patel D. K., *High Perfom. Polym.*, **3(2),** 89 (1991).
107. Khedkar K.M., Hiwase V.V., Kalambe A.B. e Deosarkar S.D., E-J Chem., **9(4),** 1911 (2012).
108. Gurunule W.B., Juneja H.D., Paliwal L.J., *Orient. J. Chem.,* **15(2)**, 283 (1999).
109. Jacobs P.W.M. e Tompkin F.C., Chemistry of solid state, W. I. Graver Pub. London, p.188 (1955).
110. Singru R.N., *Der Pharma Chem,* **3(5)**, 128 (2011).
111. Magesh C., Vijayakumar C.T., Karunakaran M., *Pure Appl. Chem.*, **2(1)**, 21 (2010).
112. Karunakaran M., Burkanudeen A., *Orient. J. Chem.*, **19(1),** 225 (2003).
113. Azarudeen R,S., Riswan M.A., Jayakumar D., Burkanudeen A., *Iran. Polym. J.,* **18(10),** 821 (2009).
114. Butoliya S. S., Gurnule W. B., Zade A. B., *E - J. Chem.*, **7(3),** 1101 (2010).
115. Chauhan N.P.S., Ameta R., Ameta S.C., *Malaysian Polym. J.*, **5(2)**, 162 (2010).
116. Reddy B. S. R., *Indian J. Chem*, **29A**, 86 (1990).
117. Vogel A. I., "*Textbook of Practical Organic Chemistry"*, Longman Scientific and Technical, Reino Unido (1989).
118. Reddy A. R. e Reddy K. H., *J. Appl. Polym. Sci.,* **92**, 1501 (2004).
119. Hong-Yu Ma, Yi Sun, Yu-Zhi Zhou, Min Hong e Yue-Hu Pei, *Molecules,* **13**, 267 (2008).
120. Gurunule W. B., Rhangadale P. K., Paliwal L. J. e Kharat R. B., *React. Funct. Polym.*, **55**, 255 (2003).
121. Ahmad S, Ashraf SM, Sharmin E, Zafar F, Hasnat A., *Prog. Cryst. Growth Charact. Mater.*, **45**, 83 (2002).
122. Zou K, Soucek MD, Macromol. Chem. Phys., **206**, 967 (2005).

123. Vassilian A., Bikhazi A. B., Tayim H. A., *J. Inorg. Nucl. Chem.* **41**, 775 (1979).
124. Taremi, F., Mehdipour-Ataei S., Mahmoudi. A., *Irão. Polym. J.,* **19(11),** 875 (2010).
125. Haghighi S., McAulift C. A., Hill W. E., Kohl H. H., Friedman M. E., *Inorg. Chem. Ata,* **43**, 113 (1980).
126. El-Qisairi A. K., *Pol. J. Chem.*, **80**, 1593 (2006).
127. Zaghal M. H., Magaireh S., Abhath A-Yarmouk, *Pure Sci. Eng.*, **5**, 171 (1996).
128. Bajia S., Sharma R., Bajia B., *E-J Chem.,* **6(1),** 120 (2009).
129. Sadler P. W., *J. Chem. Soc.,* **56**, 2162 (1961).
130. Holopainen, T., Alvila, L., Raino, J. e Pakkanen, T., *J. Appl. Polym. Sci.,* **69(11)**, 2175 (1998).
131. Krammerer, H., Rush, W., e Schweikert, *Angrew. Makromol. Chem.,* **56,** 123 (1962).
132. Patel, M.M., e Manavalan, R., *J. Indian Chem. Soc.*, **61(6),** 490 (1984).
133. Mythili C. V., Retna A. M. e Gopalkrishan S., *Bull. Mater. Sci.,* **27(3),** 235 (2004).
134. Randall H. M., Flower R. G., Fusion N. e Dang J. R., Infrared Determination of Org. Struct., Norstrand Co. Inc., Londres (1952).
135. Loudon G. M., Org. Chem., Oxford Univ. Press, Nova Iorque (2002).
136. Nakamoto, K., Infrared spectra of Inorganic and Coordination Chemistry, John Wiley New York, p.221 (1970).
137. Sharma Y. R., Ele. Org. Spectroscopy, S. Chand and Co., New Delhi (2004).
138. Singh B., Sharma N., *Polym. Degrad. Stab.* , **1,** 19 (2007).
139. Kemp. W., Organic Spectroscopy, Macmillan Press, Hong Kong Press (1975).
140. Meenakshi S., Vishwanathan, N., *J. Colloid Interface Sci.*, **308**, 438 (2007).
141. Hooda S., Kumar R., Kaur M., *Indian J. Chem.*, **43A**, 527, (2004).
142. Ibrahim, K.M., *Synth. React. Inorg. Met.-Org. Chem.,* **23**, 1351 (1993).
143. Ressalan, S., Iyer, C S P , *Indian J. Chem*, **43A**, 98 (2004).
144. Karipcin F., Karatas I., Ucan H. S., *Turk J. Chem.*, **27**, 453 (2003).
145. Castineiras,A., Carballo.R., Perez,T., *Polyhedron*, **20**, 441 (2001).
146. Giancarlo Gioia Lobbia, Maura Pelei, Claudio Pettinari, Carlo Santini, Brian W., Skelton, Allan H., White, *Polyhedron*, **24(1)**, 181 (2005).
147. Cetin A,, Tese de Doutoramento, Departamento de Química, Universidade de Firat, Elazig, Turquia (2003).

148. Cotton F. A. e Wilkinson G., *"Advanced Inorganic Chemistry"*, Wiley interscience, Nova Iorque, (1980).

149. Figgis B. N. e Lewis J., *Prog. Inorg. Chem.*, 6th Ed. por Cotton F. A., Interscience Pub., 37 (1966).

150. Prakash D., Singh G.P., Kumar B., Anju K., Gupta A.K., *Orient. J. chem.*, **20 (1)**, 165 (2004).

151. Singru R.N., Khati V.A., Gurnule W.B., Zade A.B., Dontulwar J.R., *Anal. Bioanal. Chem.*, **3(1)**, 67 (2011).

152. Urade D., Hiwase V. e Kalambe A., *Chem. Sci. Trans.*, **1(3)**, 604 (2012).

153. Singru R., Zade A.B., Gurnule W.B., *E-J. Chem.*, **6(S1)**, S171 (2009).

154. Masram D.T., Kariya K.P., Bhave N.S., *Adv. Appl. Sci. Res.*, **2(4)**, 156 (2011).

155. Dhakite P.A., Gurnule W.B., *E-J. Chem.*, **8(3)**, 1186 (2011).

156. Staudinnger H. e Niessen G., *Angew. Makromol. Chem.*, **15**, 75 (1957).

157. Rossiter E. C., *British patent*, **258**, 950 (1925).

158. Li Z., Yin F., Li T., Xiang Y., Chen C., Zhao J., *J. Memb. Sci.*, **349**, 56 (2010).

159. http://www.indusbusinessjournal.com, Data de emissão: agosto de 2012, Publicado em: 15/08/2012 "India's rise to polymers powerhouse".

160. Smog C.E., Polyimides, *J. Polym. Set. Macromol. Revs. Ed.*, **11**, 161, (1976).

161. King F.A. e King J. J., *Engineering Thermoplastics, Marcel e Dekker,* Nova Iorque, 315 (1985).

162. Bower G.M. e Frost L.W., "Aromatic polyimides", J. Polym. Set. Polym. Chem., Ed.1, 3135 (1963).

163. Pal T.K., Kharat R.B., *Indian J. Chem, Sect A* , **28**, 55 (1989).

164. Michalska Z.M., Ostaszewski B., React. Polym., **16(2)**, 213 (1992).

165. Fang Z., *Spectrochim. Ata,* **14**, 235 (1991).

166. Gregor H.P., Taifer M., Citarel L. e Becker I.E., *Ind. Eng. Chem.*, **44**, 2834 (1952).

167. Chatwal G., Anand K.S., *Instr. Meth. Chem. Analy.,* 5th edit., **2,** 662 (2002).

168. Parrish J.R., *Chem. Ind.*, **4(5)**, 386 (1955).

169. Pennington L.D., Williams M.B., *Indian Chem. Eng.,* **51**, 759 (1959).

170. Von Linin H., *Angew. Makromol. Chem.*, **66**, 649 (1954).

171. Nishide H., Yoshioka N., Tsuchida E., Inoue H., *J. Polym. Sci., Part A: Polym. Chem.,*

27, 497 (1989).

172. Suh S.C., Shim S.C., *Synth. Met.*, **114**, 91 (2000).
173. Diaz F.R., Moreno J., Tagle L.H., East G.A., Radic D., *Synth. Met.*, **100**, 187 (1999).
174. Marder S.R., Sohn J.R., Stucky G.D., *Materials for Non-linear Optics: Chemical Perspectives*, ACS, Washington, DC, (1991).
175. Bredas J.L., Chance R.R., Conjugated Polymeric Materials: Opportunities. In: *Electronics. Optoelectronics and Molecular Electronics*, Kluwer Academic, Dordrecht, Países Baixos, (1990).
176. Ledoux-Rak I., Dodabalapur A., Blom P., *Synth. Met.*, **127**, 1 (2002).
177. Shawabkeh A.A., Wahab A.H., Shahab Y.A., *J. Optoelectron. Adv. Mater.*, **9**, 2075 (2007).
178. Nishide H., Yoshioka N., Tsuchida E., Inoue H., J. Polym. Sci., Part A: Polym. Chem., **27**, 497 (1989).
179. Gupta R.K., Singh R.A., *J. Polym. Res.*, **12**, 189 (2005).
180. Koval'chuk E.P., Stratan N.V., Reshetnyak O.V., Blazejowski J., Wittingham M.S., *Solid State Ionics*, **141**, 217 (2001).
181. Mazur M., Kaminska A.M., Bukowska J., *Electrochim. Ata*, **52**, 5669 (2007).
182. Khuhawar M.Y., Shah A., Mughal M.A., *J. Polym. Sci., Part A: Polym. Chem.*, **25**, 399 (2007).
183. Cianga I., Ivanoiu M., *Eur. Polym. J.*, **42**, 1922 (2006).
184. Racles C., Cozan V., Sajo I., *High Perform. Polym.*, **19**, 541 (2007).
185. Bereket G., Hur E., Sahin Y., *Prog. Org. Coat.*, **54**, 63 (2005).
186. Kaya I., Senol D., *J. Appl. Polym. Sci.*, **90**, 442 (2003).
187. Andrade A.A., Castro M.P.P., Rocha A.M., Vargas H., Bastos N.M.S., *Chem. Phys Lett.*, **442**, 400 (2007).
188. Ragimov A.V., Mamedov B.A., Gasanova S.G., *Polym. Int.*, **43**, 343 (1997).
189. Sakai H., Matsuyama T., Maeda Y., Yamaoka H., *J. Chem. Phys.*, **75**, 5155 (1981).
190. Choi M.K., Kim H.L., Suh D.H., *J. Appl. Polym. Sci.*, **101**, 1228 (2006).
191. Kaya I., Demir H.0., Vilayetoglu A.R., *Synth. Met.*, **126**, 183 (2002).
192. Kenawy E.R., Abdel-Hay F.I., El-Magd A.A., Mahmoud Y., *J. Appl. Polym. Sci.*, **99**, 2428 (2006).

193. Kenawy E.R., *J. Appl. Polym. Sci.*, **82**, 1364 (2001).
194. Bowersock T.L., Woodyard L., Hamilton A.J., Deford J.A., *J. Controlled Release*, **31**, 237 (1994).
195. Gupta A.N., Hiwase V.V., Kalambe A.B., *Der Pharma Chemica*, **4(3)**, 1153 (2012).
196. Gupta A.N., Hiwase V.V., Kalambe A.B., *J. Chem. Pharm. Res.*, **4(5)**, 2475 (2012).
197. Veleva A.N., Khan S.A., Cooper S.L., *J. Biomed. Mater. Res. Part A,* **74(1)**, 117 (2005).
198. Ngadaonye J. I., Cloonan M. O., Geever L.M. , Higginbotham C. L., *J. Polym. Res.*, **18(6)**, 2307 (2011).
199. Heath D. E., Cooper S. L., *Ata Biomater*, **8(8)**, 2899 (2012).
200. Mondal B. C., Das D., Das A. K., *Anal. Chim. Ata*, **450**, 223 (2001).
201. Young B., Kim M.G., *J. Appl. Polym. Sci.*, **93(6)**, 2559 (2004).
202. Edoga M. O., Leonardo, *Elect. J. Practice Technol.*, **9**, 63 (2006).
203. Zhou M., Qiu X., Yang D. e Wang W., *Energy Convers. Manage.*, **48(1)**, 204 (2007).
204. Yin Q., Li A., Wang W., Wang Y., *J. Power Sources*, **165(2)**, 717 (2007).
205. Stilborn H.L., Skeeles J.K., Waldgroup P.W, *Nutr. Res.*, **11(6)**, 599 (1991).
206. Ahmad R., *Irão. Polym. J.*, **10(3)**, 1026 (2001).
207. Komot H., Takami, Toshio, *Chemical Abstract,* **81**, 153519 (1974).
208. Brening, Heinz K., Ger., *Chemical Abstract*, **79**, 117508 (1973).
209. Tamura A., Ktasawa K., Koo Corp. Japan, C.A., **134**, 164874 (2001).
210. Jinoka T., Saito A., Hitachi Ltd, Japão, C.A., **134**, 164874 (2001).
211. Beck K. R., Koresemeyer R., Kunz R.J., *J. Chem. Educ.* **61**, 669 (1984).
212. Guivetchi N., J. Rech., *Sci. Lab Bellevue*, **14(62)**, 72112 (1963).
213. Cheng Z.Y., Li H., Xia F., Xu H, Olson D; Huang C., Zhang Q. M., Kavarnos G. J., *EAPAD,* **4695**, 167 (2002).
214. Bhuvaneswari C.M., Kakade S.D., Deuskar V.D., Dange A.B., Gupta M., *Def. Sci. J.*, **58(1)**, 94 (2008).
215. Hemasundaram A., Krishnaiah N., Naidu N.V.S., Sreedhar B., *Toxicol. Environ.* Chem., **91(8)**, 1429 (2009).
216. Blount C.W., Leyden D.E., Thomas T.L., Guill S.M., *Anal. Chem.*, **45(7)**, 1045 (1973).

217. Prasadarao T., Gladis J.M., *Rev. Anal. Chem.*, **20**, 145 (2001).

218. Honohan T., Enderlin F.E., Ryerson B.A., Parkinson T.M., Xenobiotica, *Med. Nati. Inst. Health,* **7(12)**, 765 (1977).

219. Bauer F., Fousson E., Zhang Q.M., Lee L.M., *Dielect. Elect. Ins. IEEE Transactions,* **11(2)**, 293 (2004).

220. Patel K.V., Singh A., *E-J. Chem.*, **6(1)**, 281 (2009).

221. Park S.Y., Park H.Y., Lee H.S., Park S.W., Park D.W., *Opt. Mater.*, **21(1)**, 331 (2003).

222. Chen A., Zhi Y., *Appl. Phys. Lett.*, **84**, 3 (2004).

223. Rahangdale S.S., Der Pharmacia Lettre, **4(6),** 1665 (2012)

224. Holte M. D., Allied Corporation, Patente número US4665154, 12 (1987).

225. Silsoft Q MB.indd , *High perform. Polym*, **4(8)**, 452 (2010).

226. Akoi S., Hashiimoto N., Yasaka M., Taketu Finne Chemicals Co. Ltd. Japão 2000, C.A., **134**, 72368 (2001).

227. Patel J.D., Shah P.J., *Asian J. Chem*, **22(4)**, 3069 (2010).

228. Hesp S.A.M., Hoare T.R., Roy S.D., *Int. J. Pavement Eng.*, **3(3)**, 153 (2002).

229. Byungryul A., Thomas R., Stainwinder , Dongyl Z., *Water Res.,* **39(20)**, 4993 (2005).

230. Qian P., Schoenau J.J., *Can. J. Soil. Sci.*, **82,** 9 (2002).

231. Agrawal Y.K., Kaur H., Menon S.K., *React. Funct. Polym.*, **39**, 155 (1999).

232. Prabhakaran D., Subhramanian M.S., *Talanta Sci. J.*, **61(4)**, 423 (2005).

233. Matus P., Kubovaa J., Beydosa M., Medveda J., *Talanta,* **70(5)**, 996 (2006).

234. Henrya W.D., Zhao D., Sengupta A. K., Langea C., *React. Funct. polym.*, **60**, 109 (2004).

235. Takahashi, Tsutomu, SuzakiNaota, Mit. Mat. Corp. Japão, C.A., **134**, 359775 (2001).

236. Rufurs A.L., Velmurugan S., Satyaseelam V.S., Narasimhan S.V., Prog. Nuclear Eng., **44**, 13 (2004).

237. Raught D., Foutch G. L., Apblett A., *Inter. conf. interugtr. Organização do ciclo orânico. Treat. Chem. water, steam, and mat., strettgart Germany,* (2005).

238. Lewitus D.Y., Smith K.L., Shain W., Bolikal D., Kohn J., *Biomaterials*, **32(24),** 5543 (2011).

239. Drage T.C., Arenillas A., Smith K.M., Pevida C., Snape E., *Fuel*, **86(1)**, 22 (2007).

240. Cottinet P.J., Guyomar D., Lallart M., Guiffard B., Lebrun L., IEEE Ultra., Ferro.

Fre. Cont. Soc., **58(9)**, 1842 (2011).

241. Zhu Y., Yongxin C., Mingli Y., Fritz J.S., *J. Chromatogr. A*, **1085(1)**, 18, (2005).
242. Tripathi L., Kumar P., Singhai A.K., *Indian J. Cancer*, **44(2)**, 62 (2007).
243. Pruneanu M., Maier S.S., Niculescu O., Vitan F., Deselnicu V., *Rev. Chim.*, **62**, 60 (2011).
244. Novac V.I., *Minist. Che. Ind. Roménia*, **48**, 572 (1967).
245. Kunjappu T.J., *The Emergence of Polyacrylates in Ink Chemistry*, Ink World, 40 (1999).
246. Khare P. K., Pandey R.K., Jain P. L., *Bull. Mater. Sci.*, **22(60),** 1003 (1999).
247. Job A.E., Hermann P.S.P., Vaz D.O., Mattoso H. C., *J. Appl. Polym. Sci.*, **79**, 1220 (2001).
248. Umare S.S., Borkar A.D., Gupta M.C., *Bull. Mater. Sci.*, **23(3)**, 235 (2000).
249. Singh H. P, Gupta D., *Indian J. Pure Appl. Phys.*, **24**, 444 (1986).
250. Mateveena E., Carracossa R.E., Polomino R.J.M., Parkhutik V., *J. Appl. Polym. Sci.*, **94**, 1752 (2004).
251. Pal T. K. e Kharat R. B., *Indian J. Chem*, **28A**, 55 (1998).
252. Pal T. K. e Kharat R. B., *Angew. Makromol. Chem.*, **173**, 55 (1989).
253. Gurunule W.B., Parwate W.N., Paliwal L.J.e Kharat R. B., *Proc. National Semi.* K. N. Mahavidyalaya Nagpur, 21 (2002).
254. Pancholi H. B. e Patel M. M., *J. Indian Chem. Soc.*, **75**, 86 (1989).
255. Lingala P.S., Michel P.E.P., Paliwal L. J. e Juneja H.D., *Proc. National Semi.* K. N. Mahavidyalaya Nagpur, 153 (2004).
256. Chuen F., Chen H., Williams L., *Br. Polym. J.*, **5(3)**, 83 (1973).
257. Kushwaha A.D., Hiwase V.V., Kalambe A.B. e Kapse S.K., *Arch. Appl. Sci. Res.*, ***4*(3)**, 1502 (2012).
258. Akova J.V., Saha P., Ch V., Esalek K, Quadrat O., *Synth. Met.*, **113(1-2),** 83 (2000).
259. Pancholi H. B., Patel M. M., *High Perform. Polym.*, **3(4)**, 257 (1991).
260. Michael P.E.P., Barbe J.M., Juneja H.D., Paliwal L.J., *Eur. Polym. J.*, **43(12)**, 4995 (2007).
261. Singru R.N., *ISRN thermodynamics,* Artigo ID 323916, 8, (2012), DOI: 10.5402/2012/323916.

262. Rahangadale S.S. e Gurnule W.B, *Der Pharma Chemica*, **3(4)**, 314 (2011).
263. Hiwase V.V., Kalambe A.B., Khedkar K.M. e Deosarkar S.D., *E-J. Chem.,* **7(1)**, 294 (2010).
264. Singru R.N., *Der Pharma Chemica*, **3(5)**, 128 (2011).
265. Rahangadalc S.S., Zade A.B., Gurnule W.B. *J. Appl. Polym. Sci.*, **108(2)**, 456 (2009).
266. Singru R.N., Gurnule W.B., Khati V.A., Zade A.B., Dontulwar J.R., *Desalination,* **263(1-3)**, 200 (2010).
267. Gupta R. H. , Zade A. B., Gurnule W. B., *J. Appl. Polym. Sci.*, **109(5)**, 1 (2009).
268. Jadhao M.M., Paliwal L.J. e Bhave N.S., *Desalination*, **247(1-3)**, 456 (2009).
269. Masram D.T., *E-J. Chem.*, **6(3)**, 830 (2009).
270. Akat H. e Balcan M., *Irão. Polym. J.*, **15(11),** 921 (2006).
271. Verma J. K. e Verma A. G., *Asian J. Chem*, **16(3-4),** 1653 (2004).
272. Raval D.K., Narola B.N., e Patel A.J., *Iran. Polym. J.*, **14(9)**, 775 (2005).
273. Kazem S. e Ahmad H., *Iran. Polym. J.*, **13(4)**, 257 (2004).
274. Janardan C. e Jeena V.R., *Indian J. Chem. Technol.*, **12(2)**, 225 (2005).
275. Desai K. R., Patel M. G. e Patel H.S., *E- J. Chem.,* **1(1)**, 51 (2004).
276. Jadhao M.M., Paliwal L.J. e Bhave N.S., *Actas da NSAM*, Kamla Nehru Mahavidyalaya, Nagpur, 124 (2004).
277. Revanasiddappa M., Khasim S , Raghavendra S. C., Basavaraja C., Suresh T e Angadi S. D., *E-J. Chem*, **5(4),** 797 (2008).
278. Zhou M., Qiu X., Yang D. e Wang W., *Energy Convers. Manage...*, **48(1),** 204 (2007).
279. Shah T.B., Dixit R.B., Dixit B.C., *J. Therm. Anal. Calorim.*, **92(2)**, 505 (2008).
280. Drage T.C., Arenillas A., Smith K.M., Pevida C., PiiPo S. e Snape E., *Fuel*, **86(1-2)**, 22 (2007).
281. Bonde A.D., Ukey V.V., Juneja H.D., Ghubde R.S. e Husain R., *Mater. Sci. Eng,* **132(1-2)**, 16 (2006).
282. Baraka A., Hall P. J. e Heslop M. J., *J. Hazard. Mater.*, **140(1-2)**, 86 (2007).
283. Shah A.V., Desai P.R. e Patel N.B., *Iran Polym. J.*, **16(10)**, 699 (2007).
284. Issa R.M., Amer S.A., Mansour I.A. e Abdel-Monsef A.I., *J. Therm. Anal. Calorim,* **90(1)**, 261 (2007).

285. Shah B.A., Shah A.V. e Shah P.M., *Irão. Polym. J.*, **15(10)**, 809 (2006).

286. Lanz R.W., Organic Chemistry Of Synthetic High Polymer, Wiley- Interscience, N. Y., (1967).

287. Jang H., Kim Y., Do L. M., Zyung, T., Do. Y., *Proceeds. of Inter. Conf. of Sci.And Tech. Of Synth, Metals,* 202 (2003).

288. Tuelue M. e Geckeler K.E., *Polym. Int.,* **48**, 909 (1999).

289. Nasser A. e Zahra M.S., *Irão. Polym. J.*, **12(4)**, 291 (2003).

290. Gurunule W.B., Rahangdale P.K., Paliwal L.J. e Kharat R.B., *Synth. React. Inorg. Met.-Org. Chem.,* **33**, 1187 (2003).

291. Lanje V.V., Thakur G.T. e Junjeja H.D., *Prog. and Abst. Book,* I.C.C.I., PO, B-66 (2002).

292. Mishra A.P., Tiwari V.K. , Singhai R., *Indian J. Chem.*, **14A**, 2092 (2002).

293. Ahmad R., *Irão. Polym. J.*, **10(3),** 1026 (2001).

294. Gurnule W.B. , Juneja H.D., Paliwal L.J., *Asian J. Chem*, **12**, 753 (2000).

295. Rai H. C., *Asian J. Chem*, **12(3),** 771 (2000).

296. Bawankar S.V., Paliwal L.J. e Kharat R.B., *Asian J. Chem.*, **11(4)**, 1185 (1999).

297. Patel H.S., Dixit B.C. e Dixit R.B., *Irão. Polym. J.,* **8(1),** 1226 (1999).

298. Pancholi H.B e Patel M.J., *J. Indian Chem. Soc.,* **75**, 86 (1998).

299. Rath D.K., Nayak P.L., Lenka S., *J.Appl.Polym.Sci.,* **51**, 1679 (1994).

300. Aswar A. S. e Munshi K. N., *J. Indian Chem. Soc.,* **69**, 544 (1992).

301. Zeman S., Tokarova L. A., *Thermochim. Ata*, **712**, 181 (1992).

302. Sayed El B. A. , Desoky El M. M. , Shaaban S. M., Sayed M. B., *J. Mater Sci: Materials in Electronics,* **3**, 124 (1992).

303. Saxena N. e Munshi K. N., *J. Therm. Anal.,* **37**, 2259 (1991).

304. Patel G.C., Pancholi H.B. e Patel M.M., *High Perform. Polym.*, **3(2)**, 99 (1991).

305. Stilborn H.L., Skeeles J.K. e Waldgroup P.W., *Nutr. Res.*, **11(6)**, 599 (1991).

306. Pal T.K. e Kharat R.B. *Indian J. Chem. Soc.*, **75**, 86 (1989).

307. Pal T.K. e Kharat R.B. *Angew. Makromol. Chem.,* **173**, 55 (1989).

308. Pramanik P. e Mukharjee D., *Indian J. Chem*, **22A**, 44 (1983).

309. Manavalan R. e Patel M. M., *Angew. Makromol. Chem.*, **184**, 717 (1983).

310. Spiratos M. e Rusu G. I., *Angew Macromol. Chem.*, **107**, 33 (1982).

311. Bhave N. S. e Kharat R. B., *J. Inorg. Nucl. Chem.,* **43**, 414 (1981).

312. Kapadia R. N. e Dalal A. K., *Indian J. Technol*, **19**, 127 (1981).

313. Patel M. N. e Patel J. B., *J. Indian Chem. Soc.*, **58(5)**, 4911 (1981).

314. Patel M. N. e Patel J. B. *Angew. Makromol. Chem*., **99(1),** 35 (1981).

315. Manecke G. e Hellar H., *Angew. Mukromol. Chem*., **55**, 51 (1962).

316. Vernon F. e Eccles H., *Anal. Chim. Ata*, **72**, 331 (1974).

317. Rebeck T. I., Lindeman J., Brekiesz B., *Polym. Bull*, **9**, 555 (1961).

318. De Geiso R. C., Donaruma, L. G., Tomic E. A., *J. Appl. Polym. Sci.*, **9**, 411, (1965).

319. Mitra R. P. e Chatterjee S. K., *Indian J. Chem*., **2**, 85 (1964).

MIX
Papier aus verantwortungsvollen Quellen
Paper from responsible sources
FSC® C105338

Printed by Books on Demand GmbH, Norderstedt / Germany